CONTENTS

目 錄

花卉&觀葉植

春

Viola

夏

California Poppy

秋

Nasturtium

冬

Egyptian Star Cluster

綻放的各色繽紛花朵，告訴我們春神來了，鬱金香、董菜和三色董堅忍地度過了寒冷的冬天後，在春天的溫暖空氣中綻放出美麗的花朵。

←繁花似錦的柳穿魚草，別名姬金魚草，豐富的花色，即使只栽種一種，其鮮豔的色彩，也能讓花園光彩耀人。

↓加州罌栗和粉蝶花的混合花園，高挑直直往上伸展，綻放著大花的加州罌栗，和低矮秀氣的粉蝶花的組合，非常新鮮。

Bright Spring

柳穿魚草
●玄參科一年生草本植物●開花期4～6月●草高30～40cm●粉紅、紅、黃、白等花色豐富。另外要勤於摘除凋謝的花朵，才能長期享受賞花之樂，柳穿魚草非常強健，只要播種就能栽培得很好，因柳穿魚草屬低矮植物，所以也很適合種植在花盆等各式容器中。

加州罌栗
●罌栗科多年生草本植物●開花期4～6月●草高30～70cm●從春季到初夏會開綻放橘色和黃色的鮮豔花朵。耐乾性很強，所以幾乎不需要特別照顧，因屬直根性植物，所以不耐換植，故要換植時，最好趁還小時換植。

粉蝶花
●水葉科一年生草本植物●開花期3～6月●草高20～30cm●草高低矮且會橫向擴展，所以適合種植於花壇邊緣和覆蓋地面，但因屬直根性植物，所以不耐換植，故要換植時，最好趁還小時換植。

散發幽雅可愛氣息的春季盆栽

三色堇　　　　　金魚草

香雪球

西洋櫻草

將草身高、花色鮮豔的金魚草種在後面，中央處則種植三色堇，前方則栽種草身低矮的香雪球和西洋櫻草，由於這些花都是容易管理栽種的品種，而只要擺在陽光充足的地方，且當表面泥土乾燥時再充分補充水分即可，另外請時常摘除凋謝的花朵，如此才能長時間享受賞花樂趣。

（盆栽栽種組合方法請參照P42）

用於盆栽栽種的花與草

香雪球

●十字花科一年生草本植物●開花期3～6月、10～1月●草高10～20cm●屬矮株植物、分枝多，會綻放球狀花朵，不耐高溫多濕，夏季要剪短，到了秋天才能享受賞花之樂。

西洋櫻草

●櫻草科多年生草本植物●開花期11～5月●草高10～30cm●是冬季到春季的花園素材，超人氣的西洋櫻花。花色及花姿豐富，容易栽培是其魅力所在，開花中要注意補充水分和肥料，並且要擺在陽光充足的地方。

金魚草

●玄參科一年生草本植物●開花期4～7月、10～11月●草高20～120cm●要選用四季都會開花的品種，如此一來一整年都能欣賞到花，至於至於草高則依品種而異，花色豐富。由於花朵會漸漸開花，所以不要忘了要將凋謝的花朵摘除。

三色堇

●堇菜科一年生草本植物●開花期11～6月●草高10～20cm●會綻放特小型花朵，而為了與三色堇有所區分而稱之為堇菜，強健耐寒花期長。綻放凋謝的花，要從花梗根部加以摘除。

3

欣賞在光輝陽光下所映照的朵朵鮮豔花色

深紅色的天竺葵讓色彩更顯突出，
至於其他搭配花材則要選擇尺寸和
大小不同的花材，才能組合出清爽
宜人的盆栽來。花盆前方栽種具下
垂性的常春藤和會橫向擴展的香雪
球，以營造出嶄新的表情，金魚草
和天竺葵若高度過高，要先剪短，
以調整整體的平衡感。

用於盆栽栽種的花與草

香雪球　參照P3
金魚草　參照P3

萬壽菊
●菊科一年生草本植物●開花期3～
5月●草高30～70㎝●小朵萬壽菊是
法國萬壽菊，大朵萬壽菊是非洲萬
壽菊，另外還有將兩者加以交配培
育而成的新品種，強健容易栽培，
同時還具有驅蟲效果喔！

天竺葵
●牛兒苗科多年生草本植物●開花期3～11
月●草高15～30㎝●屬於四季開花植物，
只要溫度達到一定程度，一整年都會開
花，耐乾性強且強健，故要控制水量與施
肥量，因不耐暑熱，所以夏天要栽種日陰
的地方。

常春藤
●五加科多年生草本植物●草
高10㎝左右（蔓性植物）●不
論室內室外皆能良好培育的強
健植物，但要注意水量的控
制，中午溫差大的初春和秋天
生長快速，可進行插枝。

金魚草　萬壽菊　天竺葵

常春藤　香雪球

Bright Sprin

色彩繽紛的三色菫
即使單純地栽種三色菫
也感覺非常熱鬧

這是只栽種三色菫的簡單盆栽，因只栽種了一種花卉，所以在栽培條件和擺放場所上，就沒有太多的顧忌，而因三色菫的花色繁多，所以也能營造出繁花似錦的感覺，不過若能搭配一些銀葉菊，就更能凸顯其效果，所以三色菫可說是組合盆栽中的人氣植物。

銀葉菊
三色菫(黃)
三色菫(紫)
三色菫(紅)

用於盆栽栽種的花與草

三色菫
●菫菜科多年生草本●開花期11～6月●草高10～30㎝●購買時要選購莖健康粗壯，花色鮮豔分明的，如此才能長期享受賞花之樂，另外，還要注意水分和肥料的補充，當花朵凋謝時，要連花梗一一摘除。

銀葉菊
●菊花科多年生草本植物●開花期6～9月●草高10～40㎝●除了花期之外，一整年都不易枯萎的銀白色美麗葉子，所以是超人氣的花園素材，長至第二年之後，因會過於大株感覺凌亂，所以要修剪至15㎝的長度。

筆直往上伸展的黃花
好似明亮的陽光

以草株高的金盞花，來塑造盆栽的縱線條，而中央處則栽種三色菫和香雪球，四周要露出一些泥土，可鋪上的苔蘚、碎石等，會有另一番風情，另外當花叢越長越密時，也會遮蓋住泥土表面，而有另一番風情。

用於盆栽栽種的花與草

金盞花
三色菫(黃)
三色菫(紅)
香雪球

金盞花
●菊科一年生草本植物●開花期12～5月●草高30～50㎝●另有別名金盞菊，金盞花容易栽培，只要栽種在日照充足，排水良好的地方，就能生長得很茂盛，花期長是其魅力之所在。

三色菫　參照左圖盆栽
香雪球　參照 P3

花朵奔放有如野花的風景盆栽

Bright Spring

北極菊、香雪球的白，以及色彩豐富的三色董，在綠葉綠莖烘托下，更顯美麗，深色的橢圓木製花盆，更強調了花朵的可愛，由於植物的下葉會混合在一起，所以栽種時株間要留一些距離，以獲得良好的通風。

用於盆栽栽種的花與草

北極菊
●菊科一年生草本植物●開花期3～6月●草高10～20㎝●楚楚動人的白色北極菊，讓人感覺好似看到雪島一般，生長期間要注意水分和肥料的補給，由於花朵會逐漸地綻放，所以要時時摘除凋謝的花朵。

香雪球參照 P3

勳章菊
●菊科一年生草本／多年生草本植物●開花期4～10月●草高20～30㎝屬●強健耐乾燥，反之不耐高溫多濕，夏天要栽種在通風良好的地方，這點很重要，花朵會晴天早上綻放，黃昏時閉合，而雨天和陰天時花朵則不會綻放。

三色董參照 P5

勳章菊　　北極菊　　三色董(白)　　三色董(紅)　　香雪球

董菜(紫)　董菜(黃)　　三色董(橘)　三色董(白)　三色董(紫)　常春藤

用於盆栽栽種的花與草

香雪球參照 P3　　常春藤參照 P4

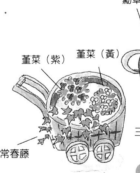

在小小的木製花車中，植入了黃色和紫色的董菜以及常春藤，沐浴在燦爛陽光中的董菜表情，宛如昭告春天的使者，而在左邊和下方延伸的常春藤，充分地展現了春天的躍動感。花朵凋謝後要儘早摘除，如次才會不斷地開花，而能長期享受賞花之樂。

連載春天的小花車，不同顏色的董菜訴說著春天的到來

這是只種植同色石竹的簡單盆栽，要選用四季開花的品種，除此一來，一年四季都可觀賞到石竹的美麗花朵，由於花朵小，無法營造出華麗的氣氛，但卻很具親和力感覺很溫暖，而它那自然的風情，真是人見人愛。

石竹

石竹

●石竹科一年生草本／多年生草本植物●開花期3～7月、9～11月●為耐熱、耐寒、耐乾燥的強健植物，但下霜時仍要特別注意，要栽種在排水良好，陽光充足以及通風性良好的地方。

在附有台座的陶製花盆上，種滿了海神葵，由於其具匐匍性，生長過程中會往下垂墜，而成營造出量感豪華的盆栽來，另外要栽種在大型花盆中，如此就不需要時常換盆，要配花期長的美女櫻、萬壽菊、皇帝菊、金蓮花等。

立式花台上花朵繽紛非常華麗

海神葵

牛兒苗科多年生草本植物●開花期3～11月●草高15～50cm●在容易栽種的天竺葵當中，其屬於抗熱性弱的品種。所以夏天要移至通風良好的半日陰處，莖部會不斷延伸，而凋謝的花朵要從莖梗處加以修剪，以延長開花時間。

海神葵

這是妝點著鮮紅色草莓的吊籃，下面再搭配蔓性觀葉植物的常春藤以及充滿銀色神秘味道的銀針珊瑚(cushion bush)，展現出了栩栩如生的立體之美。平日擺放於陽光充足的地方就可以了。唯一要注意的是，由於椰纖襯墊裡的水分容易流失，所以要隨時補充水分以防乾枯。

用於盆栽栽種的花與草

草莓

●薔薇科多年生草本●結果期2～4月●草高約20～40cm●如果到花市自行選購花苗的時候，要選購大葉、粗莖的健康苗種。草莓會在春天開花，開花後的30～40天草莓會完全成熟變紅，另外要將草莓的葡萄莖剪除，如此草莓才能結很多的果實。

常春藤 參照 P4

銀針珊瑚

●菊科多年生草本植物●草高約20～70cm●一整年都可欣賞到銀色的葉子，由於尖細的線條很稀少，所以是最近很受歡迎的人氣植物，喜好陽光，而且土壤不可過濕，要稍微乾燥一點比較好，因此一定要控制給水量，冬天溫度若能維持在5℃以上，就能安然地度過寒冬。

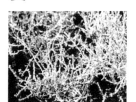

以草莓為主角的可愛吊籃

銀針珊瑚

草莓

常春藤

Bright Spring

上部種滿了一小群一小群盛開的香雪球，而側面則栽種了具延展性的海神葵，還有海神葵要栽種得一高一低，以營造出律動感，因使用的是椰纖吊籃，所以可將植物自由地栽種在任何地方，而能根據自己的想法來設計。

用於盆栽栽種的花與草

香雪球　參照 P3
海神葵　參照 P7

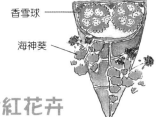
香雪球
海神葵

將大小不同的兩種粉紅花卉加以組合的盆栽

這是在上層部分栽種白色的香雪球，而側面則栽種了各色三色菫的熱鬧盆栽，原本應該掛在牆壁上和籬笆上的吊籃，像這樣掛在附有台子的支柱上，感覺也很有趣，但因為支柱容易倒塌，所以要準備穩定性十足的台子，這樣一來便能享受漂浮在空中的小花田了！

用於盆栽栽種的花與草

香雪球　參照 P3
三色菫　參照 P5

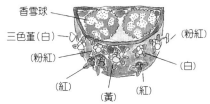
香雪球
三色菫（白）　（粉紅）
（粉紅）　（白）
（紅）　（紅）
（黃）

9

這是能享受長期開花之樂的三色堇和常綠常春藤的組合。栽種時為了360°全方位都能觀賞，所以要均等得加以栽種。而使用的吊籃造型也要簡單，素材和顏色也要是能展現自然風味的，當三色堇花期結束後，還可更換栽種當季花卉，如此一來這就是一年中皆可享受開花樂趣的便利花盆。

用於盆栽栽種的花與草

三色堇 參照 P5
常春藤 參照 P4

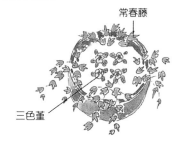

常春藤
三色堇

能充分欣賞壁掛式花籃的花朵風情

壁掛式的三色堇，因是掛在眼睛高度同高的位置，所以和從上往下看的三色堇，給人的感覺完全不同，由於三色堇、香雪球、雪片蓮會往橫向伸展，而常春藤則會垂落，所以整個吊籃就被花朵和綠意所覆蓋住，別有一番趣味。

香雪球 參照 P3　三色堇 參照 P5
常春藤 參照 P4
（盆栽的栽種方法　參照 P46）

用於盆栽栽種的花與草
貝古雪片蓮

●胡麻葉草科多年生草本植物●開花期4～11月●草高10～30㎝●一整年幾乎都會開花，因具葡萄性，所以很適合用來搭配盆栽或披地植物，但要注意的是水分的補給，夏天時莖部要加以修剪並移至半日陰處培育。

香雪球
三色堇（紫）
貝古雪片蓮
三色堇（黃）
常春藤

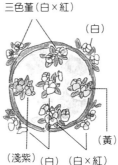

三色堇（白×紅）

（白）

（黃）

（淺紫）（白）（白×紅）

這是僅栽種三色堇的華麗盆栽，由於花形、花色和大小都不一樣，所以為了營造統一感，因此只栽種了一種花卉，另外三色堇的莖部若不夠強健，整盆花就會喪失均衡感，而其主要原因是，日照不足、通風不良、春天時施肥過量等原因，故要根據原因一一地加以檢查。

一盆只種一種三色堇的壁掛式吊籃，各種顏色相連的吊籃，必定能吸引路人停下腳步來欣賞它的美，對於一旦種植下去就不易換植的吊籃來說，花期較長的三色堇和堇菜是最適合的花材，而當花朵凋謝後，要勤於摘除，如此一來花期就能秋天延長到隔年的初夏。

三色堇

Bright Spring

能將圍牆裝飾得華麗非凡的壁掛式三色堇吊籃

Shining Summer

夏日盆栽

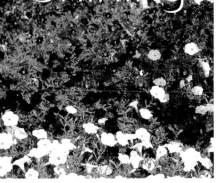

↑沐浴在夏日陽光裡，綻放鮮豔色彩花朵的矮牽牛。由於牽牛花繁殖力生長力旺盛，所以一直到秋天都能欣賞到美麗繽紛的花朵。

→最前面種植的是低矮的美女櫻、天竺葵，接著是草高較高的紫色和粉紅色的薰衣草和紅花鼠尾草，這柔和色彩交替的花園，讓炎熱的暑夏飄來陣陣的涼風，瀰漫著優雅的閒情。

↓在玄關的側邊構築出色彩繽紛的花壇，這裡種植了萬壽菊、矮牽牛、天竺葵等代表夏季色彩且花期長的花卉。

向日葵、皇帝菊、金蓮花…等夏季花卉，花色以黃色和橘色居多，應該是在太陽強光照射下，所染成的顏色吧！有如反射陽光光輝的夏花，色彩也非常地炫目鮮豔，夏日庭園真可說是充滿朝氣的庭園！

美女櫻
●馬鞭草科一年生草本 / 多年生草本植物●開花期4～11月●草高10～30㎝●會綻放多種色彩的小花群，因會橫向擴展，所以栽種時不可過於密集，另外為了避免腐爛，當花凋謝時就要將之摘除，將花季結束後還要加以修剪。

紅花鼠尾草
●唇形科一年生草本植物●開花期6～9月●草高30～60㎝●花莖頂部的苞葉（連著花莖的葉子）有粉紅色、紫色、白色等非常漂亮，觀賞用時亦可做成乾燥花。

薰衣草
●唇形科常綠小灌木●開花期5～7月●草高20～100㎝●有香草女王之稱的薰衣草，是很受歡迎的香草，而且強健如意栽種，但要注意水分和養分的補給，而且要栽種在陽光充足、排水良好的地方。

矮牽牛花
●茄科一年生草本植物●開花期4～11月●草高20～50㎝●開花期從初夏到秋天，花期很長，能妝點花壇和花圃的矮牽牛，耐旱性很強容易栽種，即使插枝也能繁殖，夏天時會了避免腐爛，要常常摘除凋謝的花朵。

將廢棄的方形木箱漆上喜愛的顏色，就成了獨特的木製花盆

在左右兩邊種植上形狀顏色互異的皇帝菊和繁星花，中間則種植銀色系的銀葉菊，整個感覺很均衡，前面並擺上可愛的小娃娃，木箱則漆成粉紅色做成漂亮的花盆，如此一來嬌俏可愛的箱型庭園便完成了，由於木箱子的細縫較大，所以不挖排水孔也OK！

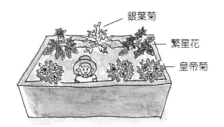

銀葉菊
繁星花
皇帝菊

用於盆栽栽種的花與草

繁星花

●茜科一年生草本植物●開花期5～10月●草高20～40cm●會綻放星形可愛的花朵，夏季時若置於陽光直射的地方，就會陸續開花，不耐多濕，所以要栽種在排水良好、通風良好的地方。

皇帝菊

●菊科一年生草本植物●開花期6～10月●草高20～40cm●會不斷綻放小花的皇帝菊，是和夏季暑熱相當搭配的花卉，其野生繁殖力很強，強健耐乾燥，性喜日光，因生長快速，嚴禁密植。

銀葉菊 參照 P5

Shining Summer

用於盆栽栽種的花與草

金蓮花

●金蓮花科一年生草本●開花期5～7月、9～10月●草高30～50cm●花莖會如藤蔓般生長，是強健的香草植物，若栽種在日照排水良好的地方，幾乎不用施肥，但需注意給水量，夏天花季節結束後，要將花莖整個剪短，那到了秋季就能再欣賞到它的美麗花朵。

菲律賓鈕釦花

●菊花科多年生草本●開花期8～11月●草高30～50cm●外觀和薊很相似，將葉子磨碎會散發出如青蘋果般的香味，因此別名為蘋果薊，另外要放置在陽光充足、通風良好的地方培育，但討厭強烈日照，所以盛暑時要栽種在半日陰處。

性質相似的兩種花卉的夏日組合盆栽

金蓮花和菲律賓鈕釦花都是屬於耐熱性極強的花卉，只要是日照和排水良好，就幾乎不需要怎麼費心整理，但因討厭強烈日照，所以盛暑要置於通風良好的半日陰處，因不耐寒冬，所以冬季時，務必要移至室內栽培，此外兩者的花期都很長，故當花朵凋謝時要勤於摘除，如此就能從初夏到秋天都能享受賞花之樂。

菲律賓鈕釦花

金蓮花

夏日盆栽

顯眼的紅色金蓮花香草盆栽

莖部呈蔓藤般延伸的金蓮花，可栽種在花盆前方，讓它順著花盆邊緣往下垂伸，而迷迭香則是順著木架向上盤緣生長，這兩種花卉都是屬於強健且不需要花心思照顧的香草植物，但到了盛夏時要避免高溫多濕，而移至半日陰處培育，當外觀因快速生長而失去平衡時，就要加以適當的收割，以維持良好的通風。

用於盆栽栽種的花與草

迷迭香

金蓮花　參照 P14

●唇形科常綠小灌木 ●開花期　不定期一年2～4次。●草高約30㎝（最高可達200㎝左右）●迷迭香有著酷似樟腦樹的味道，並具返老還童～抗老化的功能，要種植在通風良好、陽光充足以及排水功能良好的環境就可以了，管理起來很輕鬆。

這是橘色和黃色金蓮花，搭配以長春藤的組合盆栽，由於兩者都為蔓性植物，所以要種植在高處才能充分欣賞到它們的的美姿，而這也是盛夏時，可預防陽光反射和腐爛的妙方！金蓮花的花莖如果伸展過頭時，就會破壞整體平衡，因此要修剪掉一半，如此入秋後便綻放許多的花朵，且可一直欣賞到冬季。

用於盆栽栽種的花與草

金蓮花　參照 P14
常春藤　參照 P4

長春藤

金蓮花（黃）　　　金蓮花（紅）

和明亮日光非常契合的橘色和黃色

喜好強烈陽光的
夏日之花！日日春

甜蜜的芳香瀰漫花盆的貓薄荷與
木桶形成有趣的畫面

每天都會不斷地綻放花朵，而且就是因為其開花期非常地長，所以才命名為日日春，五片花瓣會一致地面向陽光往上綻放，耐旱性強，不過如果陽光實在是太強烈時，它也會將花瓣整個合起來，另外能耐大氣污染也是其特徵之一，所以非常適合種植在沒有日陰得庭園、公園和道路兩旁。

在老舊的木桶裡種植了花期甚長的貓薄荷，讓你能一整年欣賞貓薄荷的美姿，以及薄荷葉的香味，由於每過一年就會長更大，所以栽種的時每株最好要留有足夠的空間，而如上圖的木桶，也只要植入4到5株就足夠了，而從貓薄荷（cat mint）的名字便可得知，這是貓兒喜歡食用的薄荷。

用於盆栽栽種的花與草

日日春

日日春

●夾竹桃科一年生草本植物●開花期6～10月●草高20～60㎝●能耐高溫和乾燥，即使是在炎炎的盛夏，也依然會不斷地綻放花朵，但因不耐潮濕環境，所以要栽種在排水良好、陽光充足的地方。

用於盆栽栽種的花與草

貓薄荷

貓薄荷

●唇形科多年生草本植物●開花期4～7月●草高20～40㎝●要栽種在陽光充足、排水良好的地方，並在花期結束後進行收割，收割時可從接近泥土的莖部處剪下，此外由於貓薄荷每年都會長出新株，所以可在秋天進行分株。

Shining Summer

喜歡陽光的松葉牡丹，近年來大受歡迎，已成為夏日庭園的代表性花卉，爽朗色彩豐富，混色非常自然，多肉質富光澤的葉莖，會匍匐在地面延伸，非常地嬌俏，另外在採盆栽種植時，除了可混色栽種之外，也可只採單色組合，感覺也很不錯。

用於盆栽栽種的花與草

松葉牡丹
●馬齒莧科多年生草本植物●開花期5～11月●草高20～30cm●抗高溫、乾燥、多濕能力強，在炎炎夏日中會綻放出美麗的花朵，故很適合做成吊籃，而且要時常加以修剪，才能不斷地開花。

松葉牡丹

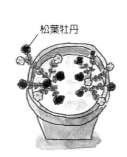

松葉牡丹

在竹節處挖洞，然後倒入培養土並栽入花苗，如此便完成了一個獨特的吊籃，怒放的松葉牡丹，即使在嚴酷的條件下，依然能不斷地綻放著花朵，松葉牡丹最好是不要和其他植物一起混種成組合盆栽，單品種植才種得好，此為其栽種秘訣。

夏日盆栽

酷似喵咪尾巴在空中蠢蠢欲動！
長穗鐵莧吊籃

長得像貓尾巴的長穗鐵莧，種在吊籃裡隨風搖動，非常有趣？！紅色俏麗的花朵，會往各種方向垂落，非常地生動，充滿了快樂氣氛，由於長穗鐵莧的莖部容易折斷，所以栽種時要特別小心。

吊鐘花的英文名字為『Ladies eardrop』（貴婦人的耳飾），由此可見，其向下垂吊的花姿非常地可愛，而其獨特的花形是吊鐘花的最大特徵。因其具有枝葉往橫向擴展的性質，以及討厭多溼的環境，所以是非常適合吊籃的花卉，雖然說在戶外亦能過冬，但還是盡可能栽種在較溫暖的環境中。

用於盆栽栽種的花與草

長穗鐵莧
●大戟科多年生草本植物●開花期6～10月●草高20～30㎝●要種在排水良好的土壤中，以及日照良好溫暖的場所，當陽光不足時，葉片就會出現黃斑，而紅花也會斑駁掉落要注意，除此之外，它非常強健容易栽培。

長穗鐵莧

用於盆栽栽種的花與草

吊鐘花
●柳葉菜科常綠小灌木●開花期3～11月●草高20～70㎝●要種在排水、通風以及日照良好的地方，但抗暑性較差，夏天要種在半日陰處，另對高溫多溼的抵抗力差，所以夏天時要控制給水量。

吊鐘花

花期長的花卉的組合盆栽

由於不論是秋海棠或是萬壽菊，都會長期不斷
地開花，所以開花時，要每個月施予２～３次
的液肥，另當泥土表面出現乾燥現象時，則要
充分澆水，而當花朵凋謝時，還要加以摘除，
特別是秋海棠，如果放任凋謝的花朵不管的
話，葉子和莖部就會腐爛罹患疾病，至於萬壽
菊，則要連同花莖一起剪掉才行。

用於盆栽栽種的花與草

秋海棠

●秋海棠科多年
生草本植物●開
花期3～11月●草
高20～30cm●要
栽種在排水良好的土壤中，雖然種在向陽處
或半日陰處皆可，但夏季還是要移至半日
陰，此外要勤於摘除凋謝的花朵，冬季時則
要移至溫暖的室內窗邊培育。

萬壽菊 參照 P4

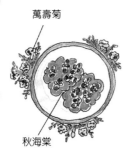

這是將往縱向和橫向延伸的花朵
加以組合的盛暑吊籃

吊籃的側面是紅矮牽牛，上部是白矮牽牛，而矮牽牛
具有往橫向擴展整群綻放的性質，另外平凡的矮牽
牛，搭配上淡花色的一串紅，就能在高度上給予變
化，還有牽牛花和一串紅，都是屬於會從夏季一直開
花到秋季花卉植物。開花期間一定要記得摘除凋謝的
花朵，以及每月１～２次施予液肥。

用於盆栽栽種的花與草

一串紅

●唇形科一年
生草本/多年
生草本植物●
開花期5～11
月●草高30～60cm●別名爆竹紅，不過
一般所說的爆竹紅為一年生草本植物，
近年來已有許多顏色問世，要栽種在排
水良好、日照充足的地方。

矮牽牛 參照 P12

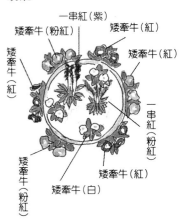

一串紅（紫）
矮牽牛（粉紅）
矮牽牛（紅）
矮牽牛（紅）
矮牽牛（紅）
一串紅（粉紅）
矮牽牛（紅）
矮牽牛（白）
矮牽牛（粉紅）

Autumn Tone

秋季盆栽

紅色系的小花聳立在秋天的草原裡，形成了一幅可有趣的畫面。秋天的花卉在顏色、花形上雖沒有夏季花卉來得華麗、熱情，但卻非常地纖細，現就讓充滿秋天氣息的波斯菊，為你的花園增添一份色彩！

↑想必再也沒有能像波斯菊般，那麼能充分表現出季節感的花卉了吧！隨風搖曳的波斯菊非常地美麗，而這就是秋的景致。

→有著楓葉般紅色的雁來紅和黃色的柳葉百日草。花期長的柳葉百日草，會從初夏一直綻放到秋天，而雁來紅則是由綠色漸漸變成紅色的。

大波斯菊
●菊科一年生草本植物●開花期6～11月●草高40～150cm●cosmos為希臘語，代表著「美」和「調和」之意，它和我們所看到纖細截然不同，其實波斯菊是很強健的，當花朵凋謝時，從花莖將花摘除即可，除此之外，不需要特別修剪。

柳葉百日草
●菊科一年生草本植物●開花期5～10月●草高15～45cm●莖、葉很細，花株會匍匐在地面擴展開來，因花期長，所以要勤於摘除凋謝的花朵，盛夏時要大幅度加以修剪，如此到了秋天才能欣賞花的美姿。

雁來紅
●莧科一年生草本植物●觀葉期8～11月●草高50～150cm●葉子會呈現如花朵般的色彩，因而屬於觀葉植物，至於顏色方面有紅色、黃色和橘色等非常地多采多姿，因討厭換植，所以換植時要非常慎重，並要種植在排水性佳的地方，同時還要控制施肥量。

入秋之後，從朝鮮紫珠(蘭嶼女兒茶)開始，就進入了各種植物的結果期了，而矮種的朝鮮紫珠，一定要用來組合小盆栽喔！另外紫色花瓣的龍膽花，也散發著秋天的氣息，至於花盆，則是使用再生紙製花盆，而此花盆也更能自然地凸顯植物的色彩，另外在通風性和透水性俱佳，再加上質輕容易搬運，廢棄時還可當成可燃性垃圾處理。

用於盆栽栽種的花與草

朝鮮紫珠

●馬鞭草科落葉小灌木●結果期9～11月●草高30(矮性種)～300cm●由於其紫色果實非常漂亮，所以日本人將它命名"紫式部"，只要栽種在半日陰、排水～持水性良好的地方即可，此外2～3月要修剪長得過長的枝葉。

龍膽

●龍膽科多年生草本植物●開花期9～11月●草高20～40cm●紫色的龍膽有著豐富的秋之風情，花苞有如毛筆般捲起，開花時會如打開般綻放，要栽種在日照充足、通風良好的涼爽處，花朵凋謝時不要忘了加以摘除。

柳葉百日草　參照 P.20

朝鮮紫珠
柳葉百日草(黃)
柳葉百日草(白)
龍膽

讓人從內心感受秋天氣息，以及豐碩果實的秋天的盆栽

21

在各種葉色中靜靜綻放的花朵們

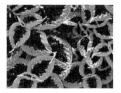

吊鐘花 參照 P18
皇帝菊 參照 P13

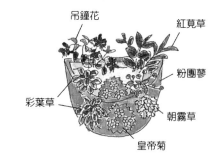

吊鐘花　紅莧草　粉團蓼　彩葉草　朝霧草　皇帝菊

這是和平常看見的傳統花與綠盆栽，風情截然不同的組合盆栽，如搭配了犬蓼科同類的粉團蓼和皇帝菊，營造出在秋天原野上綻放的野草般感覺效果，而盛夏色調強烈的彩葉草，則要多選擇黃色調的葉子，以營造出秋天的風情，最後再點綴以紅莧草。

Autumn Tone

高原的秋風會讓人聯想到波斯菊，它那迎風搖曳的自然花姿，讓人感覺非常輕鬆，草身高挑的黃花波斯菊和藍花鼠尾草，栽種在組合盆栽的後面，而前面則按高低順序植入繁星花、勳章菊、天竺葵，如此一來，就能欣賞到每一種花卉，而且莖和葉的量感還會溢出到外側，同時還能擴充盆栽的深度和寬度。

隨著夏末微風搖曳的秋季花群

藍花鼠尾草　波斯菊
黃花波斯菊　　勳章菊
繁星花　天竺葵

用於盆栽栽種的花與草

黃花波斯菊

●菊科一年生草本植物●開花期6～11月●草高30～100㎝●比大波斯菊稍早開花，且花期會一直持續到晚秋末，強健容易培育，草高高度比大波斯菊低，適合盆栽栽種，要以稍微乾燥的程度來培育，另外不要忘了摘除凋謝的花朵。

藍花鼠尾草

●唇形科一年生草本植物●開花期4～11月●草高25～40㎝●是鼠尾草的品種之一，性喜戶外陽光充足、排水性良好的場所，因不耐乾燥所以要隨時補充水分，要勤於摘除凋謝的花朵，如此才能不斷地長出新花。

勳章菊 參照 P6　天竺葵 參照 P4
繁星花 參照 P13

檜木科、杉木科常綠灌木的針葉樹，英文名字統稱為『conifer』，是屬於全年常綠觀葉植物，由於生長速度較為緩慢，所以樹形不會有太大的變化，因具有安定感，所以是非常適合作為初學者的組合盆栽素材，在針葉樹樹根處植栽百里香，便可營造出宛如置身於芬多精森林中的感覺。

針葉樹

百里香

用於盆栽栽種的花與草

針葉樹

●檜木科、杉木科的常綠針葉樹●草高15～180㎝●針葉樹的魅力在於，因品種不同，而會有綠色、藍色、黃色和銀色的微妙變化，盆栽時則以樹高較矮的幼木為佳，另外當水分不足時，葉尖會變黃變色、枯萎所以要注意。

百里香

●唇形花科常綠小灌木●開花期5～7月●草高10～35㎝●耐熱、耐寒性強，只要一栽種，每年一年中都能享受收種之樂的香草，要栽種在陽光充足和排水良好之地方，百里香又有直立性和匍匐橫向擴展等品種。

有如進入了小人國的森林世界

以自然之姿來營造出
有如野原般的香草盆栽

用於盆栽栽種的花與草

蔓性日日春

●夾竹桃科多年生草本植物●開花期3～6月●草高20～50cm●別名蔓性桔梗，開花期會綻放出紫色花朵，非常地惹人愛憐，強健生長快速，所以每年要換植一次，延伸的蔓藤會和莖部糾纏在一起，為了避免腐敗，要時常加以修剪保有空間。

鳳梨鼠尾草

●唇形科多年生草本植物●開花期9～10月●草高50～90cm●為香草鼠尾草類中的園藝品種，有著酷似一串紅的可愛紅花，要栽種在陽光充足、通風良好的場所，且當表面泥土呈現乾燥狀態時，就要充分給水。

麥桿菊

●菊科多年生草本植物●草高10～50cm●有葉子灰白色的銀草桿菊，以及葉子黃綠色的萊姆麥桿菊，不過兩種都不耐強烈陽光和過濕，而當莖部糾纏在一起時，就要加以修剪，以保持良好通風。

紅花鼠尾草 參照 P12

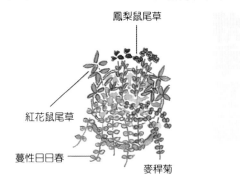

鳳梨鼠尾草

紅花鼠尾草

蔓性日日春

麥桿菊

要詮釋秋天景色，就要選擇帶有自然草姿的花卉，鳳梨鼠尾草的紅、紅花鼠尾草的紫，都散發著秋天氣息，而將這些香草搭配起來，最能營造出秋天的氣息，另外香草本身就像野草般強健繁、殖力旺盛，不過長得過長就會破壞整體外觀的平衡感，這時就要加以收割，修剪整個外觀。

Autumn Tone

義大利永久花

●菊科常綠小灌木●開花期7～9月●草高30～60cm●葉片和花朵擁有酷似咖哩的香味，耐乾性強，只要種在排水良好的場所，就不需特別費心照顧，而當枝葉長長後容易傾倒，所以開花後要將其剪短。

鼠尾草

●唇形科多年生草本●開花期5～7月●草高30～80cm●自古以來，就一直當作藥用香草使用，是料理和花草茶不可或缺的原料，要栽種在陽光充足，通風良好的地方，不過要勤於收割，保持通風良好。

鳳梨薄荷

●唇形科多年生草本植物●開花期7～9月●草高30～60cm●葉子有著白色浪邊非常美麗，有其酷似鳳梨的香味，常被用來製成花草茶以及食用，一整年都能欣賞到它美麗的葉子。

麥桿菊　參照 P24

閃閃動人美麗的銀色葉子盆栽

義大利永久花

鳳梨薄荷

鼠尾草

麥桿菊

直立的銀灰色義大利永久花為主題花卉，而前面則栽種了具下垂性質的銀麥桿菊，這是栽種了各種綠色植物，具統一感的盆栽，一般的組合盆栽，為了凸顯主題花卉，都會使用綠色或香草來當陪襯花卉，但要是想凸顯葉子的形狀、顏色和質感的話，就要將綠色植物或香草當成主題花卉。

會從冬季一直綻放到早春的玄關花壇，顏色豐富的三色菫、金魚草、黃色的黃花瑪格麗特以及葉牡丹，這些都是耐寒花期長的花卉。

仙克萊
●西洋櫻草科球根秋季花卉●開花期11～5月●草高20～50㎝●其特徵為葉片多花朵沒有斑點，選購時要選購花葉具平衡感的，澆水時不要澆在葉子和莖上，而要直接澆入根部，至於凋謝的花和受損的葉子，要從花梗或葉梗處加以摘除。

葉牡丹
●十字花科一年生草本植物●觀賞期11～3月●草高10～30㎝●由於葉子形狀酷似牡丹因而得名，不論是栽培在日照下或半日陰處，都能成長得很好，雖然耐寒性強，但若擺在冷風吹拂處，則很容易受傷要注意。

黃花瑪格麗特
●菊花多年生草本●開花期11～6月●草高約30～90㎝●綠色的葉片搭配以黃色花朵很有個性，性喜乾燥，故給水太多時，根部會腐爛，因花期長，所以別忘了施肥。

冬季室內色彩的代表性花卉，首推仙克萊，因會一朵接著一朵開花，所以即使只有栽種仙克萊，有能讓空氣中飄盪著華麗的氣氛，不過要置於窗邊陽光照射得到地方，或明亮的室內培育。

當花店門口排列著仙克萊和聖誕紅時，就知道冬天已經到來了，雖然冬天的花卉品種並不多，但仍然有會在寒冬中不斷綻放的西洋櫻草、能裝點室內色彩的仙克萊、以及濃厚聖誕節氣氛的聖誕紅、等不住春天到來搶著開花的三色菫等，而這些也都是很不錯的選擇，冬季花卉雖然是在冬天綻放，但卻都有著華麗的姿態。

冬天可愛的小花圃，中央處栽種的是針葉樹，然後採放射狀地栽種銀葉菊、西洋櫻草，如此便完成了即使到了早春仍會繼續綻放的絢爛花圈，真是充滿了夢幻色彩的世外桃源。

Winter Dream

要保護仙克萊盆栽的盤根，也在其四周擺入棕櫚樹，而當雪荔生長蔓延時，則會攀爬到由雜木所編織而成的馴鹿玩偶上，進而營造出耶誕節的氣氛，即綠色的馴鹿載著鮮紅的仙克萊，在雪地上奔跑……這真是個充滿夢幻的小小世界。

用於盆栽栽種的花與草

迷你仙克萊
●草高15～30cm●為仙克萊矮性種，迷你仙克萊與種相近，散發著香味，比大型品種、中型品種更耐寒，也可藉此與其他仙克萊做區分。

雪荔
●桑科多年生草本植物●草高10～150cm●因具蔓性，所以不論是下垂性或攀爬性都很優異的觀葉植物，由於性喜半日陰多濕的土壤，所以適合種植在植物的樹蔭下，可在戶外過冬，但要避免接觸冷風。

迷你仙克萊

雪荔

利用紅酒木箱，來構築出庭院風情的箱子庭園風設計

27

愛麗佳
●杜鵑花科常綠灌木●開花期11～5月●草高30～200㎝●往上延伸莖，會綻放許多筒狀或鈴鐺般的小花，因討厭高溫

多濕，所以夏季要移至半日陰的地方，花期結束後，要修剪掉一般的高度。

狀元紅
●薔薇科常綠灌木●結果期10～12月●草高30～600㎝●會結許多有如櫻桃般的果實，只要

是日照良好的地方，不論土皆可生長得很好的強健植物，每年的3～4月進行修剪，如此才能保持美麗的樹形。

野芝麻
●唇形科多年生草本植物●開花期4～6月●草高10～20㎝●銀綠色的美麗葉片，夏季綻放著

斗笠狀的花形為其主要特徵，另外其會往橫向匍匐，生命力旺盛，非常強健，即使栽種在日陰處也能生長得很好。

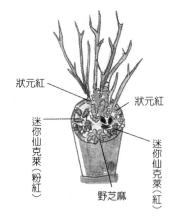

將草高較高的愛麗佳(Erica colorans Andrews)種在中心處，四周則栽種著紅色和粉紅色的迷你仙克萊，以及結滿黃色果實的狀元紅以及銀色系的野芝麻，高高低低地植入盆栽中，而後在盆栽後植入充滿自然感的枯枝，整體看起來就像一幅畫般。

深盆的高低設計，讓整體呈現出平衡感

Winter Dream

諸葛菜

●十字花形科一年生草本植物●
開花期11～5月●草高30～80㎝
●會綻放有著優雅香味的花朵，
要栽種在陽光充足的地方，當表
面泥土乾燥時，要充分給水分，
雖然耐寒性強，但降霜時最好是
移至室內。

迷你葉牡丹

●十字花科一年生草本植物●
觀賞期11～3月●草高10～50㎝
●為矮性葉牡丹，因為迷你葉
牡丹，所以給人一種可愛迷人
的印象，很適合栽種在組合盆
栽或狹窄的地方。

在高高的諸葛菜四周，栽種上迷你葉牡丹和三色菫

諸葛菜

迷你葉牡丹

三色菫

中間種的是高高的諸葛菜，四周則栽種迷你葉牡丹和三色菫，而
因使用了迷你葉牡丹和三色菫，所以感覺很平衡，當春季時，葉
牡丹會呈莖立狀態，就能欣賞到另一種風格的組合盆栽。

＊莖立狀態──花莖變長，花朵開花之意。

Winter Dream
冬季盆栽

聖誕紅

●大戟科常綠灌木
●觀賞期11～1月
●草高30～60cm
●不耐寒，溫度十
度以下時，葉片會
枯黃。所以要移至室內明亮的窗邊，如此才能
欣賞到它美麗的葉子，另當表面泥土變乾後，
要充分給水。

黃金葛

●天南星科多年生草本植
物●觀賞期 全年●草高
20cm～（蔓性植物）●黃
金葛最大特徵就是它那鮮
綠的葉子，由於莖部會向
四周攀緣，所以非常適合
栽種成吊籃，春天到秋天
要栽種在半日陰處，而冬
季時則要移至室溫5℃以上的窗邊管理。

針葉樹　參照 P23
銀葉菊　參照 P5

針葉樹和黃金葛的綠，以及銀葉菊的銀，再搭配以聖誕紅
的紅，組合了亮麗的盆栽，由於黃金扁柏高度較高，所以
要搭配高度低矮的聖誕紅等矮性種，才能營造出均衡感，
由於盆栽中包含有聖誕紅，所以要擺放在室內明亮的窗邊
培育，而溫暖的日子，也要將其移至戶外曬曬太陽。

銀葉菊　針葉樹　黃金葛

聖誕紅

利用俏麗的袖珍壺來營造出小花組合盆栽

這是將四個袖珍陶花壺，將以組合的組合盆栽，雖然只是栽種不同顏色的迷你仙克萊，但感覺卻很華麗，迷你仙克萊耐寒性強，所以栽種在室外也OK，而當使用特殊造型的花盆時，只要栽種不同顏色的仙克萊，就能簡單地營造出活潑華麗感。

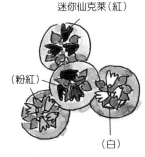

迷你仙克萊(紅)

(粉紅)

(白)

用於盆栽栽種的花與草 　迷你仙克萊　參照 P27

迎接聖誕節的可愛造型花卉

中心處栽種的是筆直的針葉樹，而在針葉樹四周則植入紅色、粉紅色兩種聖誕紅以及具下垂性的常春藤，一般用來點綴耶誕節的聖誕紅，都是以紅色者居多，其實聖誕紅還有粉紅色、白色、黃色以及雙色斑紋等品種，所以不妨依照所要營造的設計風格，來選擇不同顏色的聖誕紅。

**用於盆栽栽種
的花與草**

針葉樹　參照 P23
常春藤　參照 P4
聖誕紅　參照 P30

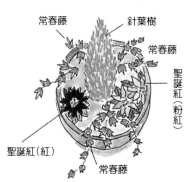

常春藤　　　針葉樹

常春藤

聖誕紅(粉紅)

聖誕紅(紅)

常春藤

西洋櫻草不僅會在春天綻放美麗的花朵，冬天時也會綻放俏麗的花朵，色彩鮮豔的花朵會群聚在暖暖的午後陽光下綻放，而栽種時要以前後排列的方式來栽種，以營造出律動感，且因栽種的是相同的花卉，所以不論是澆水、日照等環境條件都相同，所以管理起來也很輕鬆。

用於盆栽栽種的花與草

西洋櫻草　參照 P3

西洋櫻草

雖然只是一種花卉，但只要集結不同的顏色，也依然能展現出花朵的個性

小櫻草和西洋櫻草一樣，雖然耐寒性強，但卻不耐暑熱和強光，所以要發花芽，溫度必須在5℃左右，另外要置於陽光充足的戶外栽培，花朵綻放時，會集結許多小花一起綻放，而它另外還有一個別名叫做「報春花」，花朵會一層一層地綻放，花朵有著荷葉邊，感覺非常地華麗熱鬧。

用於盆栽栽種的花與草

小櫻草

●櫻草科一年生草本植物●開花期11～5月●草高10～30㎝●要置於陽光充足的地方栽培，而冬天的夜晚要移至室內擺放，當表面的泥土變乾時，要充分澆水，但澆水時要避免水份直接澆到花瓣。

小櫻草

追求簡單之美─單色盆栽

Winter Dream 冬季盆栽

Winter Dream
冬季盆栽

從冬天到早春都能欣賞的吊籃

塑膠材質的吊籃比較堅固，而在強風吹拂下，安定性比較高，另因儲水功能佳，所以即使幾天沒澆水也沒關係，但在造型方面，如果塑膠材質部分裸露太多的話，就會破壞整體美感，因此要在側面植入一些會橫向生長，能覆蓋住吊籃的植物。

用於盆栽栽種 的花與草	
金盞花	參照 P5
銀葉菊	參照 P5
三色菫	參照 P5
西洋櫻草	參照 P3

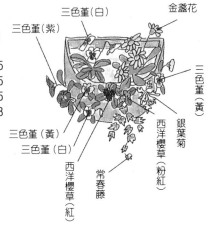

三色菫(白)
金盞花
三色菫(紫)
三色菫(黃)
三色菫(黃)
三色菫(白)
銀葉菊
西洋櫻草(粉紅)
西洋櫻草(紅)
常春藤

這是小花搭配以宛如大花般迷你葉牡丹的組合盆栽

這是黃色和紫色菫菜，搭配迷你葉牡丹，散發出日式庭園之美的組合盆栽，而不論是從上面看，還是從正面看，感覺都很新鮮，另有一股不同以往的魅力，白色和淡粉紅感覺很優雅，深紅色和紫色則感覺很華麗。

用於盆栽栽種 的花與草	
香雪球	參照 P3
菫菜	參照 P3
迷你葉牡丹	參照 P29

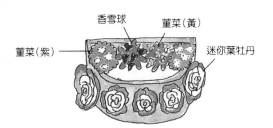

香雪球
菫菜(黃)
菫菜(紫)
迷你葉牡丹

你一定要知道的17點要項！

園藝是非常有趣的，不論是花盆、花壇、庭院、花田都可憑著自己的理想來加以創作，在愛心培育下的植物，不管是小草、樹木、花朵，都會隨著人的心意來成長，不過花苗的選擇方法、給水、施肥方法以及管理方法各有不同，在此特別整理出以下17項基本常識，來介紹給各位分享。

1 花卉有每年都會開花以及1～2年就會枯萎的植物

只要栽種多年生草本植物，就能每年享受賞花之樂

植物因品種不同，壽命也不同，像菊花和鈴蘭都是屬於每年會開花的多年生草本植物，其中還含有冬天地上部分會枯萎，而地底仍殘留有根部，當春天來臨時就會開始生長的宿根草，因此也能每年欣賞到盛開的花朵。

一、二年生草本植物，則要每年購入新花苗

像是三色堇或萬壽菊等植物，從播種到開花、枯死會在一年之內，而稱之為一年生草本植物，而從播種開始，在一年以上兩年之內會歷經開花、枯死的植物，便稱之為二年生草本植物，這類花卉雖然壽命短，但是花期長且花朵華麗具個性。

一年生草本植物萬壽菊，隔年要從新種籽或花苗開始培育起。

2 有花期很長的花卉，也有馬上就會凋零的花卉

有春季開花的花卉，也有夏季開花的花卉…，依品種不同，開花的季節也不同，而花期也不同，如三色堇和非洲鳳仙花，花期可達半年以上，而像繡球花、勿忘草等，花期則只有1～2個月。至於像天竺葵和秋海棠等，幾乎一整年都開花的四季花其代表性花卉有矮牽牛花、萬壽菊、非洲鳳仙花等，反之，僅在特定時期才開花的花卉，稱之為一季花，即一年中只有幾個月會開花。

三色堇可從冬季到早春，長時間享受賞花之樂。

3 植物也有耐熱耐寒，不耐熱耐寒的品種

依照植物種類不同，對冷熱的抵抗力也不同。耐熱性強的植物稱之為耐暑性植物，能耐30℃以上的高溫，而這些大都是熱帶地方的原產植物，反之耐寒性強的植物，稱之為耐寒性植物，能耐0℃以下的低溫，即能在戶外安然地度過冬天，此類植物，大都是高冷地區的原產植物，因植物有耐暑性、耐寒性之分，所以要分別栽種在適合的場所和環境下來培育，不耐熱的植物，夏天要栽種日蔭涼爽的地方，而不耐寒的植物，則要栽種在花盆等中，冬天時要移至室內栽培。

松葉牡丹耐熱性強但不耐寒，所以冬天要移至室內栽培。

4 植物可分為種籽培育和球根培育兩大類

牽牛花、大波斯菊都是屬於種籽培育植物，而鬱金香、風信子則都是以球根培育的，就種籽培育植物來說，從播種後的給水、施肥到開花，需耗費相當多的時間和心力，而球根類植物，因球根中已儲蓄了發芽和開花必要的養分，所以比較容易培育，而依照球根花植栽的時期，又可分為春植球根、夏植球根、秋植球根等，春植球根會在夏天到秋天開花，夏植球根則會在秋天開花，秋植球根則會在隔年的春天開花。

仙克萊為秋植球根，為冬天的室內花。

5 有很多花卉是從播種開始培育的，但也有從花苗開始的

大多數的花卉和香草，都可從種子開始培育，不過若能選購花苗來加以栽培的話，不僅容易照顧，而且也能較早欣賞到美麗的花朵，而若從播種開始培育的話，就需花費較多的時間和心力，另外市售的種籽包，其種籽數量遠超過一般家庭庭院以及花盆所需的量，不過當熟稔了種花技巧之後，而想欣賞繁花似錦的一片花叢，或想享受種花過程的樂趣時，建議你從播種開始吧！

以黑色塑膠袋培育的花苗，可先將花苗暫時放入花盆中，
邊觀察整體平衡感邊加以設計配置。

35

6 選購強健粗壯的花苗

選購當季花苗 一般花市和花店，都會在店頭擺放較早於開花期的花苗，但最好是在花苗大量上市時，再來選購花苗，如此才能選購到花色和品質皆佳的花苗。

選擇正在開花的花苗 最好是選購一部分正在開花，一部分含苞待放的花苗，花朵綻放才能確定花色，有花苞的花苗才能儘早綻放。

選購沒有疾病和害蟲的花苗 要避免選購葉子枯黃、長蟲的花苗，或莖長得過長，整體失去平衡的惡苗。

天竺葵以及金魚草花苗，要選購有花和花苞，花莖粗壯的花苗。

7 組合盆栽時，要選擇性質相似的花卉

在構築花壇、花園時，對於栽種植物一定要充分考量其個別性質，將性質相似的花卉種在一起，照顧起來比較輕鬆，如品種相同顏色不同的三色菫數株種在一起時就沒問題，至於不同性質的植物，如性喜乾燥的薰衣草，和需要大量水分以及肥料的非洲鳳仙花種在一起時，不僅屬性不同，在澆水量和肥料的管理上都很困難，又耐熱強不耐寒的非洲菊和耐寒強不耐熱的三色菫種在一起時，就會出現要擺放在哪裡的問題。所以，事先了解各種植物的性質後，再來決定植栽的植物會比較好。

選擇性質相似的植物組合盆栽，照顧起來很輕鬆。

8 衡量花苗大小來植栽

花苗買回家後，要儘早種入花盆、吊籃或花圃、花園中，將花苗從黑色塑膠花盆取出之後，要根據盤根數量來決定栽種花盆的尺寸大小，而若能栽種在比盤根（根部和根部四周的土壤）來得大的花盆中，根部就能充分地伸展，而能長得更加健康粗壯，一般說來，買回來的是3號塑膠花盆（口徑9cm）的花苗時，要栽種在4～5號盆（口徑12～15cm）中，而若為組合盆栽時，則要考量全部花苗的尺寸大小，再來植栽比較好，至於花壇等廣闊的地方，植栽的花苗之間，一定要取適當的間距。

組合盆栽時，一定要考量全部花苗和花器的平衡感。

9 要注意植物的栽培環境、場所

花朵會不會綻放，花期是長是短，都和培育環境息息相關，舉例來説，北海道的富良野縣，綻放得又大又美的薰衣草，如果帶到東京栽種時，就會出現到了花期也不開花的情形，另外還有更極端的例子是，在溫室裡栽培長大的仙克萊，若放置在寒冷的北邊窗戶邊，多久之後便枯死了，總之在購買盆花或花苗時，一定要提供一個與先前相似的生長環境，讓花卉本身慢慢地去適應新環境是很重要的事，不過原本植物便具備有適應環境變化的本能，除了極端不適應的環境外，它們都能長得很好。

性喜涼爽氣候的金蓮花。栽種在高冷地區時，花朵會從春天一直開到秋天，若栽種在溫暖地區時，夏季不會開花。

10 陽光充足時，花朵便會怒放

花朵要綻放，太陽光是再重要不過的了，所以，放置在陽光充足的盆栽，開的花最多也最美。以氣候習性來説，世界上的花卉大致上可以分為室內栽培以及室外栽培兩大類。室外栽培的花卉有的是適合終年放置於陽光充足的地方；有的則是上午拿出室外曬太陽，下午再移至半陰涼的地方，就可以綻放出健康嬌豔的花朵，室內栽培時，最好是移至陽光照射得到的明亮窗旁，風小晴朗的天氣則移至室外曬曬陽光，雖然説大部分的都喜歡陽光，但也有需在日陰或半日陰(明亮的日陰)下，才能充分生長的植物，所以如果決定了栽種的場所時，選擇和其相配的植物是很重要的。

孕育在陽光下而綻放得碩大嬌豔的三色堇和堇菜，只要有充分的陽光，
花朵就會大量地綻放。

11 唯有通風良好，植物才能長得健壯

要培育出健壯的植物，風是很重要的元素，我們都知道，植物必須在陽光下才能行光合作用，進而吐出氧氣，至於行光和作用所需要的二氧化碳，就必須靠風來運行了，總之沒有風的地方，就缺乏二氧化碳，就無法進行光合作用，植物的成長當然就會受到阻礙，而且枝葉還會腐爛，這時唯有移至通風良好的地方，才可恢復元氣！因此，擺在陽台和室外時，要擺在通風良好的地方，而擺在室內時，則要擺在外面的風時常能吹進的地方，關於這點很重要，另外要掛在陽台等風過強的地方時，可能有翻倒、掉落的危險，要注意。

吊籃在強風日子，要取下來。

12 組合盆栽建議使用市售的培養土

植物的根部在土中呼吸的同時，也會吸收了水分和養分，因此排水性和持水性佳的土壤，才能讓根部活躍地活動，而植物才能長得健壯，反之，持水性差的土壤馬上就變乾了，植物也會跟著枯萎，但如果排水性差時，土壤長期都是潮濕積水狀態，這樣一來植物根部就會腐爛，所以最好選用以赤玉土、黑土、腐葉土等數種土所混合的市售培養土，至於初學者建議使用市售的綜合培養土，另外市售的培養土種類繁多，選購時請依照花卉所需土質來選購。

進口的培養土中，『HYPONeX』的品質優良很適合一般的家庭園藝。

13 改良花圃土壤

要在花壇或庭院栽種植物時，改良土壤是有其必要的，因腳踏而變硬的土壤，空氣流通困難，根部就無法充分生長，這時就必須挖取少量的土壤，讓土壤和土壤之間產生空隙，改善排水性和持水性，而挖掘20～30㎝的深度就足夠了，而若能再混以腐葉土，排水和持水功能就會更好了，另外國內土壤的酸性強，並不是那麼地適合植物的栽種，因此在栽種抗酸性弱的植物時，就必須中和土壤後來種植，基本的赤玉土以及改良用的腐葉土和苦石灰土，在園藝店都可輕易地買到。

赤玉土
一般常可看見的紅色粒狀土是基本用土，至於顆粒有大～中～小之分，和土混合之後，會讓土壤產生空隙，提升排水～持水功能。

腐葉土
腐葉土是將落葉腐植後所成的代表性改良用土，因含有豐富的養分，所以能促進土壤疏鬆，提升排水～持水功能。

苦石灰土
苦石灰土還將植物生長必需的苦土（鎂）和石灰（鈣），混入土壤中而成，其還具有中和酸性的功效。

14 配合植物生長來給予肥料

市售的化學肥料種類繁多，基肥用MAGAMP K，追肥用HYPONeX液肥、PROMIK劑。

植物要長得壯碩，養分是不可或缺的，葉子需要的是氮(N)，開花結果時需要的是燐酸(P)，而根部要確實生長則需要鉀(K)，而市售的化學肥料，都已經均衡地加以混勻來販賣，在栽種或換植時，土壤中要混入基肥，而在生長途中則要進行追肥，所謂的基肥是給予土壤養分，調整出能讓植物順利生長的環境，因此這時最適合使用具長期穩定效果的遲效性粒狀肥料，而追肥時，因是要補充生長中植物的養分，所以可使用馬上呈現效果的速效性液體肥料，或撒在土壤表面上的遲效性固體肥料（置肥）等。

15 盆植和地植所需的澆水量不同

盆栽「當土壤表面乾燥時才充分給水」

當盆栽土壤表面變白變乾時，就要充分澆水澆到水從盆底跑出為止，土壤乾燥的情形，和季節、放置場所以及環境有關，所以在容易乾燥的夏日，澆水次數要增加，而冬天的澆水次數則要減少，另外擺在室內的盆栽，則會因冷暖氣的使用而容易乾燥，要特別注意。

花圃裡的花不需要特別澆水

地植的植物，根部會在地下擴展開來，而下雨就是大自然的給水，另外在栽種前要先混入些許的腐葉土，不僅可提升排水性和持水性的功效，還能促進土壤吸收養分，但是當土壤變乾時，要趁植物尚未乾枯前充分澆水。

當吊籃的土壤過於乾燥時，直接將它浸入水中，植物就能較快恢復元氣。

16 要時常摘除凋謝的花朵，才能長期享受開花之樂

當花朵凋謝後結籽前，要將花朵摘除，這是開花期間很重要的管理工作，植物為了延續品種，當開花結籽後的不久就會枯萎，因此一定要在凋謝的花朵未結籽前，便將花摘除，如此才能綻放出更多美麗的花朵，另外，結籽時會吸走大量的養分，進而減少開花的次數，還有凋謝花朵的花莖若沒摘除時，當掉落到土～時就會招來病蟲害，所以要勤於摘除凋謝的花朵才行。

當花朵凋謝時，要連同花莖一起剪除。

17 枯葉和過長的樹枝要加以整理

四季開花、花期長或多年生草本植物的香草等植物，在花期過後要修剪至二分之一～三分之一的長度，如此一來不僅能整理雜亂的外型，同時還能改善花朵枝葉過密的現象，以及不健康的新芽、過長的莖葉和花朵瘦小的問題，總而言之，要培育出碩大漂亮的花卉，就一定要剪枝…，剪枝後的花株因會恢復生氣，而能綻放出許多的花，而整枝、剪枝也是花期過後，花木要保有美麗外型所不可或缺的作業。

正在進行修剪的金蓮花，當初夏花期結束過後，要剪至根部附近，
如此一來到了秋天，便能欣賞到嬌豔的花朵。

Gardening Googs
園藝用基本工具

花卉栽培專用工具

花卉栽培的基本工具有土鏟、澆水壺等，而近年來市面上出現了許多包含便利小道具以及漂亮的外國工具等園藝用品，如果能全部加以收集，當然是件很愉快的事，但其實各位只要具備以下所介紹的基本工具，就已經綽綽有餘了。

園藝手套
在整理土壤或接觸到帶刺植物時很好用，且有皮布、塑膠等材質種類繁多，手腕處有鬆緊帶設計，以防止泥土跑進手套。

澆水壺
在給小花盆、室內植物澆水和施液肥時很好用，因水會直接澆到土裡，所以不會弄髒四周環境。

土鏟
其用法如同小型鐵鏟，因能防止泥土散落加速作業，所以不會弄髒四周環境。

園藝專用剪刀
在修剪花枝和收割香草時使用，因比一般剪刀力道來得強，所以堅硬難剪的樹枝也能剪斷，使用後要將污垢擦拭乾淨。

鐵絲塑膠繩
這是麵包店常會使用到的鐵絲塑膠繩，而用在園藝時，一般都是用來將藤蔓或葉莖固定在支柱上時使用，市售品都很長，使用起來非常方便。

小型鐵鏟（換植時用）
將土剷進花壇裡，或將土壤和肥料攪拌均勻時，以及換植花苗時使用的工具，把手部分為木頭材質，另外最好能漆上防鏽劑。

支柱
支柱用來支撐高度高的莖或枝，以防其倒下的棍子。市售的支柱有著各種長度和粗度，例外還有一種可隨意做出各種形狀的支柱，使用起來很方便。

防蟲網
為硬硬樹脂所製造而成的網子，用來放置在花盆底部，以防止土壤流失以及害蟲侵入，另外也可用紗窗網或濾水網來代替。

噴壺
這是出水口有著如同蓮蓬頭般設計的澆水壺，因可擴大澆水面積，而能均勻地澆水。

各種創意花盆

栽培植物的花盆或吊籃等，英文統稱為Container。市面上販售的種類式樣非常地多，但因使用的素材不同，其管理方式也不同，所以在購買時，除了花盆造型之外，還必須事先瞭解其與栽種植物的屬性是否相合。

再生紙花盆

這是用再生紙所製造而成的花盆。

優點 價格便宜、重量輕、不易摔壞，使用完後，可當作可燃性垃圾來處理。

缺點 耐久性差，2～3年後就無法使用。

塑膠花盆

在園藝店就能輕易地購得，形狀有碗狀、盆狀和壺狀。

優點 價格非常便宜、堅固不容易摔壞。

缺點 排水性、通氣性較差。

椰織吊籃

金屬製的鐵絲吊籃，再鋪上椰纖襯墊。

優點 重量輕，排水性和通氣性超群，可隨意決定植物的栽種位置。

缺點 水分容易蒸發，因此要常常澆水，耐久性差。

木製花盆

木製容器，有著各種的設計和形狀。

優點 擁有漂亮獨特的質感，排水和通風性具佳。

缺點 雖然有經過防水防腐加工作業，但耐久性稍差。

素燒陶盆

這是燒烤黏土而成的容器，自然的藝術色彩，和植物的美非常地調和，設計性有很高。

優點 排水性和通風性具佳，漂亮種類繁多。

缺點 價格較貴、容易摔破損毀、容量愈大重量也隨著加重。

彩繪花盆

有著花俏可愛彩繪圖案的花盆以及價高上釉的花盆等。

優點 設計性高，能凸顯花朵的風情，營造華麗感。

缺點 上釉者，排水性和通風性都不佳。

以圓型花盆 栽種組合盆栽

一點也不難喔！只要先將花苗放進花盆裡擺看看即可，圓型花盆很容易組合花苗，是最適合初學者的花盆形狀，而每個方位都是欣賞角度，為其主要特徵。

1
決定花苗栽種位置

金魚草　　　　菫菜　　　西洋櫻草　　香雪球

在決定好主題花卉和根部裝飾花卉後，接著就是要將花苗直接放進花盆裡擺看看，而在決定栽種位置時，一定要考慮到整體的均衡感，另外若能考慮到其後的生長，給予些許的植物間距就更好了。

2
盆底要鋪上防蟲網

防蟲網要剪得比盆底孔來得大，亦可用比盆孔大的石頭加以塞住即可。

3
放入盆底石

為了提升排水性和通氣性，要放入盆底石(輕石和粗顆粒赤玉土)，若為大花盆時，可利用切碎的保力龍，來減少土量，讓整個盆栽重量變輕。

4
倒入土壤

要倒入能覆蓋住盆底石的份量，並以盆高的2/5為基準，土壤要採用排水性和持水性具佳的培養土，並事先要混入遲效性化學肥料等基肥！

5

花苗從塑膠套中取出

盡量不要傷害到花株，小心地從黑色塑膠套中取出，在取出花苗時，要注意不要拉扯到莖和葉，要用手指夾住花株根部，而後邊用手掌邊按壓邊倒出，同時將另一隻手的手指輕敲塑膠套，如此就能一下子就拿出來了。

6

根部輕輕弄散

當根鬚又長又多時，外側的根鬚要用手輕輕弄散，而如果根部過密成一團無法弄開時，可用剪刀在底部剪個十字形，再將根部弄散後來種植。

7

要從花株較大的花苗栽種

從花苗高度高的花卉開始種植(此為金魚草)。

8

栽種時要將花苗的土壤高度調整為一致

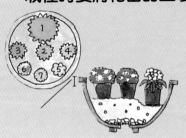

花苗土壤高度要調整為一致高度，而土壤表面高度要比盆口低2～3cm為基準，栽種時要從後面往前面種植，花盆邊緣和前面要栽種低矮或下垂的植物。

9

花苗的空隙要填入土壤

花苗與花苗空隙，要填入土壤，這時可利用筷子在土壤中插洞，來緊實土壤。

10

澆水

有栽種完畢後，要用澆水壺沿著花盆邊緣澆入足夠的水，擺在半日陰處2～3天，而後再移至陽光足的地方即可。

43

吊籃
的栽種法

椰纖吊籃的好處，就是要種哪裡就
種哪裡，因使用的是椰纖，所以質
輕且排水和通風良好，最適合栽種
具下垂性質的組合盆栽。

1
決定整個造型

三色菫　　　常春藤　雪片蓮　香雪球

在選購花苗和決定配置時，要考量植物是往橫面擴
展、向下垂落或往上伸展等性質。

2
在花苗植栽位置做記號

在考量觀察花苗大小
後，用奇異筆在花苗
植栽位置做出記號。

3
挖洞

用剪刀在植栽位置挖
洞，還有洞要剪成倒
三角，如此枝葉才比
較容易往上生長。

4
填土

吊籃的底部要先放入
攪拌有基肥的培養
土，在此建議椰纖吊
籃要使用腐葉土等質
輕的土壤。

5

將花苗從塑膠套取出

先從種在最下層的花苗
(常春藤)開始取出，取出
時注意不要傷了花苗，由
於根部會往外擴展，所以
外側的根要稍微弄散，另
外可用氨基甲酸乙酯來保
護根、莖。

6

從最下層的花苗開始栽種

將花苗由外側，將根部
塞入洞口。塞入時如過
太用力，莖部很容易折
斷，所以要小心翼翼不
要太大力。

★將花苗塞入側面洞口時，特別是為了不傷害到
盤根，可使用氨基甲酸乙酯來保護莖部和花朵，
另外也有從花盆內側往外穿出的方法。

7

植栽側面花苗時

從側面洞口穿出的
花苗，都是相同的
植栽方法，當洞口
過小花苗不易塞入
時，可用剪刀將洞
口剪大一點。

8

填土

側面花苗全部植栽
完畢後，就要填土
了，填完土後搖動
吊籃，讓底部的土
壤紮實沒有空隙。

9

栽種上部花苗

在栽種完上部花苗
(香雪球)後，就要
進行填土，土壤要
填到比盆口邊緣稍
低的高度。

10

澆水

要充分澆水，澆到水
從花盆底部流出為
準，植栽後的花苗還
很虛弱，所以要放置
在半日陰處2～3天
後，再移至陽光充足
的地方培育。

換植

為了長期享受植物之樂

當盆栽的植物長得過大或長期栽種在同一個花盆裡時，就要進行換植，當植物根部得以順利伸展時，植物有就會慢慢地恢復元氣，另外當花盆或吊籃中的植物或花，有部分枯死時，就要進行換植換盆的工作！

＊根從盆底伸出外部時。

＊培養土變硬、排水性不佳時。

＊根部暴露在土壤表面時。

＊有部分植物枯黃枯死時。

要換植到較大花盆時

若要培育莖、枝、葉都很均衡的植物時，換植到較大的花盆中是最重要的。

去除腐爛變黑的根鬚。

要換植到比原本花盆大一點的花盆，而且要以新土來種植。

澆入充分的水。

不想栽種在較大的花盆時

想要讓花保持原來的尺寸時，可換植到相同尺寸的花盆中，另要剪掉部分根部和枝葉，如此才能培育出健康的花株來！

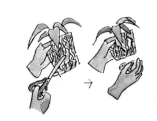

剪掉根部的1/4。

長得過長的枝葉也要加以修剪。

在相同尺寸的花盆中倒入新土來植栽，而後充分澆水。

組合盆栽時

當一年生草本植物和多年生草本植物栽種在一起時，一年生草本植物在花期結束後便會枯萎，這時就要改植下一季節會開花的植物，如此才能長時間享受賞花之樂！

僅將枯萎的一年生草本植物進行換植。

將莖部過長的多年生草本植物加以修剪，使其恢復元氣。

★為了方便椰纖吊籃進行換植作業，一年生草本植物要栽種在上部，而側面則要栽種多年生草本植物！

輕鬆簡單的繁殖法 芽插、插枝

將莖部、葉子枝梢部分剪下，插入排水良好的土裡，它就會發根的繁殖方法，在草花稱之為「芽插」，在花木稱之為『插枝法』。此方法最適合要大量繁殖同一株的苗木時，而進行插枝所剪下的枝條，則稱之為"插穗"，芽插使用的是植物幼嫩的部分，而插枝使用的是去年的嫩枝或今年較為堅固的樹枝，而有節、健康的樹枝最適合當插穗了。

芽插法

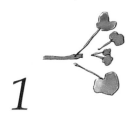

1
剪取嫩枝，要避免剪取有花包的枝葉，當葉子數量過多時，要摘除一部份的葉子，留下結節部位，剪成數根，做成插穗。

2
為了促進插穗吸水，吸水面積要盡量剪大一點，即在結節下斜斜地裁出切口。

3
土壤充分弄濕，再將插穗輕輕地插入土中，並放置在強風吹不到的半日陰處，為了讓土壤不會乾燥，而要時常澆水。

4
經過2～3天後，再移至陽光充足，風不強的地方，發根時間雖因植物種類不同而不同，但一般都是在2～3週後便開始發根，而後要以不會傷到根部為基準，將其挖起。

5
發根之後的苗木要換植到花盆中栽種！

常春藤的水插法

將水倒入杯子等透明容器中，然後放入插穗，移至室內明亮處，靜待發根，當常春藤發根後，再換植到花盆中即可，這是即使是初學者也不會失敗的簡單繁殖法！

輕鬆簡單的繁殖法 II 分 株

『分株』是將植物加以分割繁殖的方法，而在換植(P46)的同時，也可以進行分株，分株能讓培育多年的老株，因分株而成新株，而能長期享受植物之樂，一般說來分株氣溫為15～25℃，另外春天到夏季開花的植物，

9～10月為最佳的分株時段，而夏末到秋季開花的植物，則以尚未發芽的早春為最佳分株時段，至於寒冷地區，則是以春末、秋初的觀念來分株！

薄荷分株法

1 挖掘時儘量不要傷害到根部，受傷的根部和粗莖部要去除。

2 手握住根、莖部分，輕輕地將薄荷分株，如果根部纏得很緊分不開時，可用刀子或剪刀切開。

草莓分株法

1 選擇莖部較粗的部分，並以2～3片葉子為單位，與親株切離。

2 將切離的粗莖當作新株栽種到花盆裡，還有不要深植。

輕鬆簡單的繁殖法 壓 條

壓條是讓樹枝發根後，再與親株切離成為新株的繁殖法，首先要選擇長樹枝，在將一部份樹枝用鐵線固定在地面上或花盆的盆土中，讓與泥土接觸的部分發根，長出新芽，而大約4～5週後就會發根，這時就可與親株切離，再小心地挖出即可，不過壓條法比較費事，一次無法繁殖太多。